Comprenez pourquoi les

OMEGA-3

SONT BONS POUR LA SANTÉ

Ce livre appartient à

____

C.P. 325, Succursale Rosemont,
Montréal (Québec) Canada H1X 3B8
Téléphone: (514) 522-2244
Internet: www.edimag.com
Courrier électronique: info@edimag.com

Éditeur: Pierre Nadeau

Dépôt légal: deuxième trimestre 2006
Bibliothèque nationale du Québec
Bibliothèque nationale du Canada

ISBN 10: 2-89542-197-8
ISBN 13: 978-2-89542-197-9

Edimag inc. est membre de l'Association nationale
des éditeurs de livres (ANEL)

Québec Canada

L'éditeur bénéficie du soutien de la Société de développement des entreprises culturelles du Québec pour son programme d'édition.

Nous reconnaissons l'aide financière du gouvernement du Canada par l'entremise du Programme d'aide au développement de l'Industrie de l'édition (PADIÉ) pour nos activités d'édition.

Lise-Andrée AUDETTE

Comprenez pourquoi les

OMEGA-3

SONT BONS POUR LA SANTÉ

NE JETEZ JAMAIS UN LIVRE

La vie d'un livre commence à partir du moment où un arbre prend racine. Si vous ne désirez plus conserver ce livre, donnez-le. Il pourra ainsi prendre racine chez un autre lecteur.

DISTRIBUTEURS EXCLUSIFS

POUR LE CANADA ET LES ÉTATS-UNIS
LES MESSAGERIES ADP
2315, rue de la Province
Longueuil (Québec) CANADA J4G 1G4

Téléphone: (450) 640-1234
Télécopieur: (450) 674-6237

POUR LA SUISSE
TRANSAT DIFFUSION
Case postale 3625
1 211 Genève 3 SUISSE

Téléphone: (41-22) 342-77-40
Télécopieur: (41-22) 343-46-46
Courriel: transat-diff@slatkine.com

POUR LA FRANCE ET LA BELGIQUE
DISTRIBUTION DU NOUVEAU MONDE (DNM)
30, rue Gay-Lussac
75005 Paris FRANCE

Téléphone: (1) 43 54 49 02
Télécopieur: (1) 43 54 39 15
Courriel: info@librairieduquebec.fr

TABLE DES MATIÈRES

INTRODUCTION

Dans le sondage *Nutrition: évolution et tendances* de 2001, Santé Canada a demandé aux Canadiens et Canadiennes d'évaluer l'influence qu'a la publicité dans leurs choix alimentaires. Les résultats indiquent que 65 % des répondants se fiaient à la mention «vitamines ou minéraux ajoutés». Un autre facteur déterminant est l'indication «léger» ou «sans sucre» sur un emballage. Enfin, les consommateurs âgés de 35 à 64 ans se sont dits attirés par les mentions «biologique» et «source d'OMÉGA-3». Cela dit, les hommes semblent moins préoccupés par les matières grasses totales et par les différents types de gras (saturés, OMÉGA-3 et acides gras trans).

Depuis plusieurs années, on entend parler de ces bons gras que sont les OMÉGA-3. Toutefois, dans le lot d'articles et d'ouvrages qui y sont consacrés, on finit par tout mettre dans le même sac. Il est temps de faire le point car, même s'il peut y avoir des acides gras OMÉGA-3 dans certains aliments, d'autres phénomènes peuvent en annuler les bienfaits.

Ainsi, de quoi parle-t-on au juste quand on fait référence aux

OMÉGA-3? Où peut-on les trouver? Quels sont les effets positifs d'une consommation d'OMÉGA-3 sur la santé? Y a-t-il des modes de cuisson ou d'autres manipulations qui leur nuisent? Vous trouverez toutes les réponses à ces questions, et à bien d'autres, en consultant ce petit guide révélateur.

De prime abord, on peut dire que les OMÉGA-3 s'apparentent à ce qu'on appelle, depuis quelques années, les bons gras. Il s'agit de gras qui permettent à l'organisme d'effectuer une multitude de fonctions biochimiques naturelles sans pour autant y demeurer, ce qui bloquerait les artères et finirait par entraîner de graves maladies. Il faut donc en consommer, ne serait-ce que pour contrebalancer notre apport en autres matières grasses.

Définitions

L'apport en gras recommandé dans une journée est de moins de 30 % des calories totales. Chez les adultes âgés de 19 à 49 ans, cela représente environ 65 g de gras pour une femme et 90 g pour un homme. Voici les définitions d'usage pour les différents types de gras qu'on consomme chaque jour.

Gras saturés: Les gras saturés se trouvent dans plusieurs produits animaux (viande, volaille, œufs, beurre, produits laitiers) et divers produits commerciaux (pâtisseries, croissants, biscuits, craquelins). Ils sont néfastes pour la santé du cœur, peuvent entraîner l'accumulation de gras dans les artères et augmentent les risques de maladies cardiovasculaires.

Gras trans: Les gras trans sont issus d'un procédé qui change la configuration chimique des gras liquides afin de les transformer en gras solides. On les trouve surtout dans les produits commerciaux contenant des gras hydrogénés et du shortening (pâtisseries, muffins commerciaux, margarines dures). Les gras trans augmentent aussi les risques de maladies cardiovasculaires.

Gras insaturés: Ces gras se divisent en deux catégories: les gras polyinsaturés et les gras monoinsaturés. Lorsqu'ils remplacent les gras saturés, les gras insaturés entraînent une diminution des concentrations sanguines de cholestérol.

Gras monoinsaturés: Ils sont présents en grande quantité dans l'huile d'olive et l'huile de canola, de même que dans les avocats et les noix.

Gras polyinsaturés: Ils sont présents surtout dans les huiles végétales (tournesol, carthame, soya et maïs), de même que dans plusieurs noix et graines. Il en existe deux types: les OMÉGA-3 et les oméga-6. Les OMÉGA-3 ne peuvent être synthétisés par l'humain. Leur présence dans l'alimentation est donc essentielle.

CHAPITRE 1

QU'EST-CE QU'UN OMÉGA-3?

Des chercheurs ont cherché à savoir pourquoi les habitants du Grand Nord, les Inuits, souffraient rarement de maladies cardiovasculaires malgré leur alimentation riche en chair et en huile de poisson, de phoque et de baleine. Normalement, quelqu'un qui mange autant de gras voit augmenter grandement ses risques d'avoir les artères bloquées. Il fallait donc que les gras consommés par les Inuits soient particuliers, et c'est ce qui a été prouvé: leur contenu en acides gras OMÉGA-3 provoquait en effet une baisse de leur taux de triglycérides sanguins.

Mais que signifie le terme «OMÉGA-3»? D'abord, le mot «oméga» désigne la 24e et dernière lettre de l'alphabet grec. Il indique aussi le dernier élément d'une série, comme dans l'expression «l'alpha et l'oméga», c'est-à-dire le début et la fin.

Dans le domaine de la nutrition, on a utilisé cette lettre grecque pour faire référence à certains acides gras. Ces acides font partie de la grande famille des lipides, communément appelés matières grasses. Les lipides sont indispensables, car ils permettent entre autres à l'organisme de fabriquer les cellules et concourent au fonctionnement harmonieux du système nerveux. Ces acides gras se divisent en plusieurs familles: les acides gras trans, saturés, monoinsaturés (qu'on appelle aussi oméga-9) et polyinsaturés. Ces derniers regroupent deux types d'acides gras, les OMÉGA-3 et les oméga-6. Il existe encore une sous-division des acides gras polyinsaturés: celle des acides gras essentiels, ainsi qualifiés parce que le corps humain ne peut en fabriquer. Il n'y a donc que dans les aliments qu'on peut aller en chercher pour combler ses besoins.

Les principales sources alimentaires d'acides gras OMÉGA-3 sont les huiles de canola et de soya, les graines de lin, les poissons gras et les huiles de poisson. Les acides gras essentiels, qui ne sont pas synthétisés par l'organisme mais qui sont nécessaires à son bon fonctionnement, comprennent l'acide linoléique, l'acide linolénique et l'acide arachidonique.

Explications scientifiques

Qu'est-ce qu'un OMÉGA-3? En des termes scientifiques, c'est-à-dire en se référant au cœur de la molécule, il s'agit d'abord d'un acide gras. Il se compose d'une chaîne hydrocarbonée à nombre pair de carbone, terminée par un groupement carboxyle, la racine d'un aide organique. Cet acide gras peut être saturé ou non en hydrogène: les gras trans et saturés sont saturés d'hydrogène, contrairement aux autres, mono et polyinsaturés.

Les propriétés physiques et chimiques des acides gras varient en fonction de leur degré d'insaturation et de la longueur de leur chaîne. Ainsi, les acides gras polyinsaturés possèdent une liaison double située à trois atomes de carbone de l'extrémité méthyle de la molécule. Ils permettent à l'organisme d'accomplir une multitude de fonctions vitales et d'éliminer efficacement les déchets issus de la décomposition des aliments et de l'assimilation de leurs éléments nutritifs.

Bref, les acides gras saturés ne comportent que des liaisons simples entre deux atomes de carbone. Ils se remplissent d'hydrogène, c'est-à-dire qu'ils se saturent. Les acides gras monoinsaturés, quant à eux, ont une liaison double entre deux atomes de carbone. Cette structure souple permet à chacun des atomes de carbone de recevoir un nouvel atome d'hydrogène. Enfin, les acides gras polyinsaturés possèdent plusieurs liaisons doubles, ce qui les rend très souples avec les atomes d'hydrogène.

Bienfaits généraux

Les acides gras OMÉGA-3 sont bénéfiques pour la santé parce qu'ils réduisent les taux de cholestérol et de triglycérides plasmatiques. Jumelés à d'autres bons aliments, notamment ceux affichant des vertus antioxydantes (qui évitent le vieillissement prématuré des cellules du corps), ils aident à donner à la personne qui en consomme et qui s'intéresse à son alimentation en général une santé de fer.

Quiconque présente un risque d'être atteint d'une maladie du cœur (les fumeurs, les personnes aux prises avec un taux de cholestérol élevé ou sujettes au diabète, à l'hypertension ou à l'obésité) est susceptible d'avoir les artères qui ne se dilatent pas correctement lorsque cela est nécessaire. L'apport d'acides gras polyinsaturés OMÉGA-3 devient donc très intéressant pour assouplir les vaisseaux sanguins et ainsi améliorer la santé en général.

De fait, les acides gras OMÉGA-3 diminuent les risques de maladies cardiovasculaires, car ils rendent le sang plus fluide. Ils jouent également un rôle dans la constitution et l'intégrité des membranes cellulaires, le fonctionnement du système cardiovasculaire, du cerveau et du système hormonal, ainsi que dans la régulation des défenses contre l'inflammation. Sous l'effet d'enzymes, ils rendent possibles une multitude de réactions chimiques essentielles au fonctionnement de l'organisme.

De plus, les OMÉGA-3 (et leurs compagnons, les oméga-6) empêchent la formation de plaques dans les artères. Ces plaques, formées entre autres de mauvais cholestérol, nuisent à la bonne circulation sanguine et empêchent la bonne irrigation de tous les recoins de l'organisme. Il faut cependant avoir une bonne alimentation et voir à son taux de cholestérol, sans quoi une consommation d'OMÉGA-3 n'aura que peu d'impact. La santé doit être vue dans son ensemble et ne peut être découpée en segments.

Comme on parle souvent de bons et de mauvais gras, faisons un petit détour pour parler de cholestérol. C'est à partir du cholestérol que l'organisme synthétise les acides biliaires, la vitamine D, les hormones sexuelles et corticosurrénales. Il est «bon» ou «mauvais» selon le type de lipoprotéines (molécules de protéines et de lipides) auxquelles il est associé et avec lesquelles il voyage dans le sang.

Il existe donc le bon cholestérol, lié à des lipoprotéines de haute densité. On l'appelle le cholestérol HDL, pour *High Density Lipoprotein* en anglais. Son taux dans le sang est diminué dans de nombreuses circonstances ayant en commun leur fréquente association à une condition ou une maladie athéromateuse: vieillissement, tabagisme, contraceptifs oraux, diabète.

À côté du cholestérol HDL, il y a le cholestérol LDL (*Low Density*

Lipoprotein), lié à des lipoprotéines de basse densité. Ces lipoprotéines transportent 65 % du cholestérol sanguin. Ce sont les «mauvaises lipoprotéines», car elles déposent le cholestérol dans les artères où, combiné à d'autres substances, il se transforme en plaques bloquant les vaisseaux sanguins.

Quel est le rapport avec les OMÉGA-3? Les acides gras saturés contribuent à la hausse du taux de cholestérol LDL, tandis que les acides gras mono et polyinsaturés aident le cholestérol HDL, qui permet au corps de bien fonctionner avant d'être évacué.

Besoins quotidiens

Il n'existe pas de recommandations pure et dure à l'égard des besoins quotidiens en acides gras OMÉGA-3. En règle générale, ces besoins se situent à un peu plus de 2 g par jour chez les hommes et à un peu moins de 2 g par jour chez les femmes. Les apports nutritionnels recommandés pour les Canadiens sont cependant établis à des niveaux plus bas: les acides gras OMÉGA-3 devraient représenter au moins l'équivalent de 0,5 % de l'apport énergétique, ce qui signifie de 500 à 1 000 mg (de 0,5 à 1 g) par jour selon l'âge et le sexe des individus. Certains affirment cependant qu'il nous en faudrait beaucoup plus, mais ces doses ont quand même permis de constater des résultats positifs sur la santé des gens. Au Québec, l'apport en OMÉGA-3 n'atteindrait en moyenne que 0,17 g par jour.

Équilibre recherché

Dans l'univers des acides gras polyinsaturés, on sait déjà qu'il y a les OMÉGA-3 et les oméga-6. Cependant, pour obtenir tous les bienfaits de ces bons gras, il faut non seulement consommer des aliments qui en renferment, mais respecter un équilibre qui fait souvent défaut. Cet équilibre exige que nous consommions environ quatre ou cinq fois plus d'oméga-6 que d'OMÉGA-3. Or, notre alimentation va jusqu'à un rapport de 10, 20 et même 30 fois plus! Par malheur, comme les deux agissent en concurrence, un tel excès d'oméga-6 nuit à l'efficacité maximale des OMÉGA-3 dans l'organisme.

Déterminons d'abord que les OMÉGA-3 sont des acides alpha-linoléniques et des acides eicosapentanoïques. On désigne plus simplement ces derniers par les lettres EPA. Par le métabolisme des OMÉGA-3, on se retrouve avec un certain type d'eicosanoïdes (prostaglandines, thromboxanes et leucotriènes), des substances essentielles au bon fonctionnement du corps humain, et de l'acide docosahexanoïque (DHA). Pour ce qui est des oméga-6, il s'agit d'acide linoléique, d'acide arachidonique et d'acide gamma-linolénique, qui se transforment aussi en deux types d'eicosanoïdes.

Dans ce labyrinthe de mots incompréhensibles, il faut retenir une chose: les OMÉGA-3 et les oméga-6 sont deux types de «bons gras» très proches, mais ils suivent des chaînes métaboliques parallèles qui ne se rencontrent pas. Et comme ils font appel aux mêmes ressources du corps, il est essentiel de respecter un équilibre entre OMÉGA-3 et oméga-6. Que serait la conclusion d'un tel déséquilibre? Les OMÉGA-3 et les oméga-6 produisent différents eicosanoïdes. Certains d'entre eux maintiennent en éveil le système immunitaire et induisent des réactions inflammatoires, alors que d'autres viennent contrer ces réactions lorsqu'elles deviennent excessives. La santé cardiovasculaire nécessite d'ailleurs l'action combinée de ces eicosanoïdes, les uns étant agressifs et fort actifs, les autres permettant de tempérer leurs actions.

Ainsi, les eicosanoïdes issus des oméga-6 sont de deux types: le premier est régulateur, alors que le second joue un rôle antihémorragique et facilite l'agrégation des plaquettes sanguines. Les OMÉGA-3, quant à eux, engendrent des eicosanoïdes favorisant la dilatation des vaisseaux sanguins et rendant le sang plus fluide. En équilibre, toutes ces substances agissent en harmonie, mais trop d'oméga-6 par rapport aux OMÉGA-3 ne saurait permettre une bonne santé cardiovasculaire, puisque le sang est alors épaissi.

CHAPITRE 2

TOUTES LES SOURCES

On dit que le poisson est un excellent aliment, car il contient de bons gras en équilibre. Est-ce toujours le cas? Non. En fait, ce sont les poissons gras comme le hareng, le maquereau, le saumon et la truite, ainsi que leurs huiles, qui en contiennent le plus, car les OMÉGA-3 proviennent de l'assimilation du plancton chez les poissons qui s'en nourrissent. Les poissons à chair blanche n'en recèlent pas puisqu'ils ne s'alimentent pas à la même source. Par exemple, le doré compte moins de 1 g de matières grasses par 100 g, ce qui est très peu.

Dans ce chapitre, vous trouverez, par ordre alphabétique, les aliments qui contiennent un peu, moyennement et beaucoup d'acides gras OMÉGA-3, en plus de renseignements utiles au sujet de chacun d'eux.

Amandes

On a longtemps cru que les amandes étaient trop grasses pour constituer un bon aliment. En fait, on ne savait pas à l'époque faire la distinction entre les bons et les mauvais gras. Aujourd'hui, on sait que 86 % des matières grasses des amandes (52 g par 100 g) sont non saturées. Il s'agit principalement de gras monoinsaturés (34 g par 100 g d'amandes), mais il y a quand même 11 g de gras polyinsaturés, dont une part d'OMÉGA-3. Un bon truc pour aller chercher tous les bienfaits des amandes est de les laisser tremper toute une nuit dans de l'eau et de les manger ensuite à sa façon (on peut les mélanger à des flocons de céréales pour se faire un bon déjeuner).

Anchois

Voici un petit poisson bien pourvu en matières grasses: 100 g d'anchois donnent en effet 10 g de gras, dont 1,7 g d'OMÉGA-3. Souvent, les compléments alimentaires d'OMÉGA-3 sont faits notamment à partir d'huile d'anchois.

Crevettes

Ces petits animaux marins servent surtout de nourriture aux poissons de taille respectable. Les crevettes contiennent un peu d'OMÉGA-3, soit environ 0,3 g par 100 g de chair. Toutefois, leur accumulation dans les tissus des espèces prédatrices permet d'obtenir des poissons gras riches en acides gras polyinsaturés.

Espadon

On parle ici d'un poisson situé au bout de la chaîne alimentaire. En vertu du processus de bio-accumulation (le petit poisson qui se fait manger par un plus gros, et ainsi de suite), l'espadon peut contenir des taux importants de polluants, dont du mercure. Il faut donc limiter sa consommation d'espadon, même si ce poisson contient 0,7 g d'OMÉGA-3 par 100 g.

Flétan

Ce gros poisson plat contient assez peu de matières grasses, seulement 2,4 g par 100 g. On le considère néanmoins comme une source acceptable d'OMÉGA-3, bien que la quantité exacte soit méconnue.

Graines de chanvre

Si on prend 50 g de graines de chanvre décortiquées, on y trouvera 24 g de matières grasses, dont 18 g d'acides gras polyinsaturés. Mieux encore, ces derniers se divisent en 13,6 g d'oméga-6 et 4,4 g d'OMÉGA-3, ce qui fait des graines de chanvre une excellente source équilibrée d'acides gras essentiels.

Graines de citrouille

Pour 100 g de graines de citrouille écalées, ni rôties ni salées, on compte 546 calories, rien de moins! La même quantité renferme 46 g de matières grasses, dont 21 g d'acides gras polyinsaturés. Ceux-ci se divisent ensuite en 18 g d'oméga-6 et 3 g seulement (ou moins) d'OMÉGA-3. Ce déséquilibre dans les gras polyinsaturés est cependant «adouci» d'un certain point de vue en raison du contenu en zinc et en vitamines A et E des graines de citrouille.

Graines de courge

Excellente source d'oméga-6, les graines de courge contiennent beaucoup d'énergie: 522 calories par 100 g! Pour le reste, les proportions ressemblent à ce qu'on retrouve dans les graines de citrouille.

Graines de lin

Les graines de lin ont une multitude de fonctions dans l'alimentation: elles permettent notamment d'abaisser le taux de cholestérol, de soulager les symptômes de la ménopause et de prévenir l'ostéoporose après la ménopause. On dit de plus qu'elles préviennent certains cancers ou en limitent la progression. Consommez les graines de lin moulues: déposez cette poudre dans un peu d'eau pendant 20 à 30 minutes, le temps qu'une sorte de gelée apparaisse. Cette mixture vous aidera à lutter contre la constipation chronique, le syndrome du côlon irritable et d'autres problèmes liés au système digestif. Les graines non moulues sont très difficiles à digérer. Une quantité de 10 ml (2 c. à thé) de graines de lin donne 1,3 g d'OMÉGA-3.

Graines de sésame

Plus de 80 % des matières grasses des graines de sésame ne sont pas saturées. Sur les 50 g d'acides gras que contiennent 100 g de graines de sésame, on compte 22 g d'acides gras polyinsaturés et 19 g d'acides gras monoinsaturés.

Graines de tournesol

Les gras des graines de tournesol sont constitués à 85 % d'acides non saturés. Pour 100 g de graines séchées non rôties, on compte 50 g de matières grasses, dont 9,5 g sont monoinsaturées et 33 g sont polyinsaturées.

Hareng

Le hareng est riche en vitamines B. Comme les autres poissons gras, il constitue une excellente source d'OMÉGA-3: 100 g de ce poisson fournissent 1,7 g d'OMÉGA-3.

Huile d'arachide

Cette huile est à éviter, car elle contient peu d'acides gras polyinsaturés, qui sont principalement des oméga-6. Toutefois, elle a une qualité, celle de résister à l'oxydation. Ainsi, elle conserve longtemps ses propriétés.

Huile d'olive

Elle a très bonne réputation, cette huile parfumée! Toutefois, la quasi-totalité de ses gras est constituée d'acides gras monoinsaturés (oméga-9). Elle contient moins de 10 g d'acides gras polyinsaturés par 100 g d'huile, principalement des oméga-6.

Huile d'onagre

Excellente source d'acides gras polyinsaturés, l'huile d'onagre entre souvent dans la composition des compléments alimentaires d'OMÉGA-3.

Très sensible à la chaleur, à l'air et à la lumière, l'huile d'onagre se conserve au frais. On l'associe à un antioxydant comme la vitamine E pour éviter qu'il s'y forme de méchants radicaux libres. Lorsque la prolifération des radicaux libres excède la capacité de l'organisme à les neutraliser, ils entraînent des dommages parfois nocifs. Les radicaux libres sont incriminés dans bon nombre de maladies comme le cancer, les maladies cardiaques, l'arthrite, les maladies neurodégénératives, les infections à VIH, de même que dans les affections liées au vieillissement. Ils joueraient aussi un rôle dans l'inflammation et dans certaines intoxications médicamenteuses.

Huile de bourrache

Voici une huile qui excelle contre l'eczéma et les douleurs arthritiques. Il s'agit aussi d'une bonne source d'acide gamma-linolénique, un acide gras faisant partie des oméga-6.

Huile de canola (ou colza)

On compte de 8 à 12 g d'OMÉGA-3 dans 100 g d'huile de canola. Il s'agit donc d'une huile très intéressante à cet effet, mais la majorité de ses matières grasses est constituée d'acides gras monoinsaturés (oméga-9).

Huile de carthame

Voilà un produit intéressant. Cette huile contient en effet près de 75 g d'acides gras polyinsaturés par 100 g, dont une partie intéressante d'OMÉGA-3. Il s'agit d'une des huiles les plus équilibrées sur le marché.

Huile de germe de blé

On compte de 6 à 7 g d'OMÉGA-3 dans 100 g d'huile de germe de blé. Cette huile possède une grande quantité de vitamine E, plus que la plupart des autres huiles. Le germe de blé comme tel contient environ 15 % d'huile.

Huile de lin

En plus des effets que l'on prête aux graines de lin, l'huile de lin abaisse le taux de cholestérol sanguin, prévient l'ostéoporose après la ménopause, soulage l'arthrite rhumatoïde. Rien que 2 ml (1/2 c. à thé) d'huile de lin donnent 1,3 g d'OMÉGA-3.

Huile de maïs

Cette huile tout usage contient près de 60 % d'acides gras polyinsaturés, principalement des oméga-6. Elle constitue somme toute une bonne huile de table, car sa forte teneur en antioxydants lui confère une très bonne conservation malgré qu'elle soit riche en acides gras insaturés.

Huile de noix

Cette huile renferme un acide gras essentiel, l'acide linoléique. On compte de 8 à 12 g d'OMÉGA-3 dans 100 g d'huile de noix. Ce produit est donc équilibré puisqu'il contient aussi quatre ou cinq fois plus d'oméga-6 (de 50 à 55 g par 100 g d'huile) que d'OMÉGA-3.

Huile de pépins de raisin

Cette huile renferme un acide gras essentiel, l'acide linoléique. Elle contient aussi beaucoup d'acides gras polyinsaturés: 70 g par 100 g d'huile! Toutefois, la grande majorité de des acides gras est de type oméga-6. De plus, voilà une huile qui ne peut pas s'utiliser pour la cuisson, car elle résiste très mal à la chaleur. Chauffés, ses gras se transforment et se saturent.

Huile de sésame

Cette huile compte presque autant d'acides gras monoinsaturés que polyinsaturés, principalement des oméga-6, comme c'est souvent le cas avec les huiles.

Huile de soya

Cette huile renferme un acide gras essentiel, l'acide linoléique. On compte de 6 à 7 g d'OMÉGA-3 et environ 50 g d'oméga-6 dans 100 g d'huile de soya.

Huile de tournesol

Cette huile contient environ 40 g d'acides gras polyinsaturés, principalement des oméga-6. Comme la plupart des huiles, il ne s'agit pas d'un aliment équilibré en matière d'OMÉGA-3.

Huiles de poisson

Les huiles de poisson constituent une excellente source de EPA et de DHA, deux substances de la famille des acides gras essentiels OMÉGA-3.

Une quantité de 15 ml (1 c. à soupe) d'huile de poisson par jour aiderait à soulager les symptômes de l'arthrite rhumatoïde.

Huîtres

Avec un contenu en zinc qui fait entrer ce fruit de la mer dans le groupe des aliments aphrodisiaques, les huîtres sont depuis longtemps des délices aux yeux des gourmets. Une quantité de 100 g de chair contient aussi 0,5 g d'OMÉGA-3.

Lait

Pour améliorer la teneur en bon gras du lait, certaines entreprises ont mis en marché des boissons au lait additionnées d'huile de lin. Ces boissons sont intéressantes du fait que peu d'aliments, au bout du compte, sont de bonnes sources d'OMÉGA-3.

Légumes à feuilles vert foncé

Dans la prise en charge de l'hypercholestérolémie, Santé Canada suggère de s'assurer un équilibre en apport d'acides gras oméga-6 et OMÉGA-3, en incluant dans son alimentation des sources d'acides gras polyinsaturés OMÉGA-3 comme les légumes à feuilles vert foncé.

Mâche

Une étude récente a fait ressortir le haut potentiel antioxydatif de cette laitue coriace, surtout cultivée en Europe. Pour 100 g de mâche, on compte 0,4 g de matières grasses, surtout des gras polyinsaturés, dont les OMÉGA-3. Dans la grande famille des laitues, seuls le chou frisé et l'oseille renferment plus de matières grasses que la mâche.

Maquereau

Le maquereau est une excellente source d'OMÉGA-3. Sur 100 g de chair, on compte 14 g de matières grasses, dont 2,6 g d'OMÉGA-3. Privilégiez une cuisson au four pour ne pas y ajouter de mauvais gras.

Moules

Ces délicieux mollusques recèlent 0,7 g d'OMÉGA-3 par 100 g de chair. Ils contiennent aussi une vitamine assez rare, la B_{12}, ainsi que du zinc, qui lui donnerait ses propriétés aphrodisiaques.

Noix de cajou

Les noix de cajou grillées à sec, communément appelées «cachous», contiennent 46 g de matières grasses par 100 g, dont 7,5 g sont des acides gras polyinsaturés. On y trouve donc un peu moins d'OMÉGA-3 que dans les noix ou les pacanes.

Noix de Grenoble

Une étude publiée dans le journal de l'American Heart Association a conclu récemment que la thèse qu'un régime sain devrait inclure des noix de Grenoble n'a rien de frivole. Les participants de l'étude, 21 hommes et femmes âgés de 25 à 75 ans qui avaient un taux sanguin de cholestérol élevé, ont suivi chacun des régimes pendant quatre semaines. Ces régimes étaient basés sur une diète méditerranéenne à laquelle on avait ajouté une ration journalière de 40 à 65 g de noix de Grenoble (de 8 à 13 noix). Ces noix sont venues remplacer environ 32 % de l'apport énergétique provenant des matières grasses monoinsaturées. Les résultats indiquent que les noix de Grenoble réduisent l'effet des nuisibles molécules d'adhérence cellulaire associées à l'athérosclérose (le durcissement des artères), améliorent le rendement du système circulatoire et baissent les taux de cholestérol. Elles auraient de plus le don d'améliorer et de restaurer l'élasticité vasculaire, car elles se démarquent des autres fruits secs par leur forte teneur en acide alpha-linolénique et en acide gras OMÉGA-3. Elles renferment également de l'arginine, un acide aminé, et une forme de vitamine E qui sont efficaces pour prévenir une obturation vasculaire dangereuse.

Noix

On compte de 6 à 7 g d'OMÉGA-3 dans 100 g de noix. En fait, 86 % des matières grasses des noix sont des acides non saturés. Les noix contiennent de plus des vitamines du groupe B, du magnésium et des fibres. Elles constituent un excellent aliment santé, en autant qu'elles ne soient pas rôties dans l'huile et salées. Achetez-les dans leur coquille et consommez-les rapidement pour éviter qu'elles rancissent. Les noix ont déjà été condamnées pour leur haute teneur en gras, mais on sait aujourd'hui qu'elles devraient faire partie de tout régime alimentaire équilibré si on en consomme une quantité raisonnable. Évidemment, si on est allergique, on s'en tient loin. Certains autres types de noix sont à mentionner, dont les noix de macadamia (81 % d'acides gras non saturés) et les noix du Brésil (71 % d'acides gras non saturés).

Œuf

Les œufs contiennent surtout des gras polyinsaturés oméga-6. C'est pourquoi des producteurs ont mis sur le marché des «œufs OMÉGA-3». Il s'agit en fait d'œufs provenant de poules qu'on a nourries aux graines de lin. Autrement dit, vous pouvez consommer un œuf ordinaire et prendre en plus un peu de graines de lin moulues, et le résultat sera au moins équivalent à celui d'un œuf OMÉGA-3.

Pacanes

Les pacanes renferment des matières grasses non saturées à 87 %. C'est donc une excellente source de bon gras, qu'on consommera en quantités raisonnables puisqu'elles sont calorifiques. Dans 100 g de pacanes séchées, on compte près de 70 g de gras, dont une quinzaine sont polyinsaturés.

Peau de béluga

Les Inuits consomment ce qu'ils appellent le maktaaq, ou peau de béluga. Celle-ci est très riche en OMÉGA-3 et en sélénium, le premier ayant une influence marquée sur les bas taux de cholestérol qu'on rencontre chez les habitants du Grand Nord, le second agissant pour contrer la présence de mercure dans la chair des poissons gras qu'ils mangent.

Pignons

Ces graines, aussi appelées noix de pin, sont très riches en matières grasses: elles en contiennent 76 g par 100 g. Toutefois, 42 % de ces matières grasses sont polyinsaturées.

Pistaches

Ces délicieuses graines renferment 48,5 g de matières grasses par 100 g, principalement des gras monoinsaturés. On compte environ 4 g d'acides gras polyinsaturés par 100 g de pistaches, ce qui laisse bien peu de place aux OMÉGA-3.

Pourpier

Cette laitue méditerranéenne contient beaucoup d'eau et très peu de matières grasses, mais on y trouve tout de même des acides gras OMÉGA-3. C'est un aliment à découvrir en raison de ses multiples propriétés, le pourpier étant diurétique, dépuratif et émollient.

Saindoux

Le saindoux est le produit de la fusion des tissus adipeux du porc. On l'utilise surtout comme source de matières grasses pour la friture et la pâtisserie. Il ne s'agit pas de la meilleure source de gras qui soit, mais il contient un acide gras essentiel, l'acide linoléique.

Sardines

Ce petit poisson qu'on vend principalement en conserve en est un autre qui fournit des OMÉGA-3 en quantité intéressante: il y en a 1,4 g par 100 g. En Amérique du Nord, il est fréquent qu'on vende de petits harengs sous le nom de sardines, ce qui ne change pas grand-chose en ce qui concerne les OMÉGA-3. Les sardines sont toutefois moins calorifiques.

Saumon

Le saumon d'élevage peut avoir été nourri de maïs, ce qui ferait de lui un aliment sans valeur du point de vue des OMÉGA-3. Sauvage, cultivé et nourri de plancton ou en conserve, il recèle jusqu'à 1,8 g d'OMÉGA-3 par 100 g. C'est l'un des aliments contenant des OMÉGA-3 les plus appréciés. Cuit au barbecue ou en papillote, il conserve ses éléments nutritifs. On peut aussi manger du saumon en conserve: en gardant la peau et en écrasant les arêtes (très molles), on obtient de plus une excellente source de calcium.

Suppléments alimentaires

Il existe quelques produits complémentaires si vous souhaitez augmenter votre apport d'OMÉGA-3. Ce sera particulièrement intéressant pour les gens qui ne supportent pas le goût du poisson! Habituellement, les capsules offertes en magasins d'aliments naturels sont équilibrées en OMÉGA-3 et oméga-6. Toutefois, comme ces suppléments sont souvent faits d'huiles de poisson et d'huile de bourrache, les personnes allergiques doivent surveiller les ingrédients avant d'en consommer.

Thon

Frais (rouge) ou en conserve (blanc), le thon fournit beaucoup d'énergie et d'OMÉGA-3 (0,7 g par

100 g). Il semble que les risques de contamination aux métaux lourds soient très faibles dans les conserves, alors qu'ils seraient légèrement plus élevés dans le cas du poisson frais.

Truite

Ce poisson d'eau douce fait partie de la famille des salmonidés, comme le saumon, et est très couramment reproduit en captivité. Il contient 7 g de matières grasses par 100 g, dont une teneur variable en OMÉGA-3 selon les espèces: la truite grise en a beaucoup, tandis que la truite arc-en-ciel en contient moins. La truite saumonée a une chair qui ressemble beaucoup à celle du saumon et, si elle est issue de milieux sauvages (et non de l'élevage), elle contiendra sensiblement autant d'acides gras OMÉGA-3.

CHAPITRE 3

TOUS LES BIENFAITS

La recherche scientifique nous surprendra toujours! Et comme on n'étudie pas les gras depuis très longtemps (on les a longtemps tous condamnés, les bons comme les mauvais!), les résultats d'analyses continueront de nous étonner encore et encore... Dans ce chapitre, vous verrez qu'une consommation réfléchie d'acides gras OMÉGA-3 peut vous aider à plus d'un titre, car les acides gras polyinsaturés font partie intégrante de la structure des membranes cellulaires et interviennent dans de nombreux processus physiologiques: l'inflammation, les défenses immunitaires, la coagulation sanguine et la régulation du rythme cardiaque.

Aide aux sportifs

Un apport d'OMÉGA-3 permettrait une amélioration de l'endurance chez les sportifs. Dès le départ, les sportifs qui travaillent à leur endurance s'aident eux-mêmes, car l'activité physique régulière est l'un des aspects les plus précieux pour assurer la bonne marche de toutes les fonctions du corps. Cependant, les exercices physiques prolongés augmentent la rigidité des globules rouges, qui auraient du mal à passer dans les petits vaisseaux sanguins irriguant les muscles et leur apportant de l'oxygène. Une huile de poisson, riche en OMÉGA-3, permettrait de supprimer les effets néfastes sur la fluidité des globules rouges, car elle augmenterait la capacité de transfert de l'oxygène vers les muscles.

Précisément, une nouvelle étude clinique vient de prouver que la substitution de matière grasse mono-insaturée par des noix de Grenoble dans un régime méditerranéen améliore et va jusqu'à restaurer la propriété des artères de se dilater afin de répondre à un besoin accru de sang, par exemple lors d'un effort physique.

Aide aux nouveau-nés

Selon des chercheurs britanniques, les bébés qui reçoivent du lait maternisé enrichi d'acides gras seraient moins à risque de souffrir de maladies cardiovasculaires plus tard. Chez nous aussi, la recherche fait des pas en avant: l'organisme de nouveau-nés nourris au lait maternisé métaboliserait certaines substances beaucoup plus rapidement que celui de nourrissons allaités. Toutefois, le lait maternel est naturel et contient des acides gras en plus de plusieurs autres éléments nutritifs qui ne se retrouvent pas dans le lait maternisé. Il reste encore et toujours le meilleur choix, même s'il est bon de savoir qu'il existe des solutions de rechange valables.

Contre la dépression

Seriez-vous surpris si on vous disait que les OMÉGA-3 peuvent aider à lutter contrer le stress, l'anxiété et la dépression? Dans un récent livre intitulé *Guérir*, le psychiatre David Servan-Schreiber a exploré diverses méthodes de guérison alternatives à la médecine moderne. L'une de ces méthodes, c'est la thérapie nutritive par les OMÉGA-3. Dans son site Internet, l'auteur mentionne que les acides gras constituent 60 % du cerveau. Ainsi, écrit-il, «un apport important d'acides gras essentiels OMÉGA-3, que l'on trouve principalement dans les huiles de poissons, permet de normaliser le fonctionnement du cerveau émotionnel». L'auteur ajoute que les OMÉGA-3 «sont de puissants antidépresseurs et stabilisateurs de l'humeur». Il fait aussi référence à des études selon lesquelles de 1 000 à 2 000 mg (de 1 à 2 g) par jour de l'acide gras essentiel EPA seraient bénéfiques. L'huile de poisson contient d'autres acides gras OMÉGA-3 qui ne sont peut-être pas aussi utiles dans le domaine de la santé émotionnelle.

Contre l'inflammation

Les prostaglandines et les leucotriènes sont des médiateurs de l'inflammation. Certaines de ces substances ont des propriétés qui viennent contrer l'inflammation, mais d'autres l'encouragent. Cet effet anti ou pro-inflammatoire dépend de l'équilibre entre les oméga-6 et les OMÉGA-3.

En admettant que l'équilibre entre les OMÉGA-3 et les oméga-6 est atteint, l'effet anti-inflammatoire sera maximal. C'est alors qu'on peut sentir un soulagement des douleurs de toutes sortes, qu'elles soient chroniques, arthritiques, lancinantes ou relatives à la migraine. Voilà quelques secteurs seulement où les OMÉGA-3 peuvent agir. Et ils n'ont pas fini de nous réserver des surprises!

Pour la santé du cœur

C'est certainement la santé du cœur qui intéresse le plus quand on parle des acides gras polyinsaturés

OMÉGA-3. Il serait difficile d'en être autrement, car les OMÉGA-3 travaillent à la diminution des triglycérides sanguins, des risques de formation de caillots dans le sang, des taux de cholestérol sanguin et des risques de mort subite par arrêt cardiaque, en plus d'offrir un effet protecteur de la paroi des artères.

C'est que les acides gras polyinsaturés ne demeurent pas dans l'organisme. Ils sont utilisés de sorte que les processus biochimiques du corps soient maximisés (de concours avec de nombreux autres éléments, vitamines et minéraux), puis ils sont éliminés. Par contre, les gras trans et saturés s'incrustent et finissent par bloquer les vaisseaux sanguins, avec des conséquences dramatiques.

Qui plus est, des dérivés des acides gras essentiels ont des propriétés faisant en sorte de régulariser le rythme cardiaque tout en contrant les risques d'arythmie. Cette action sur deux fronts protège donc doublement le cœur.

Contre les récidives d'infarctus

Comme on l'a vu, un apport supplémentaire en acide gras OMÉGA-3 a un effet bénéfique sur la prévention des maladies du cœur. Or, chez les gens qui ont subi un infarctus, la consommation de poisson et d'autres aliments riches en acides gras OMÉGA-3 devient presque obligatoire. Associée à un régime alimentaire approprié, une prise d'OMÉGA-3 constitue une assurance supplémentaire pour prévenir les rechutes après un infarctus. En Italie, une étude menée sur plus de 11 000 patients durant trois ans a montré qu'un régime méditerranéen associé à des suppléments équilibrés d'OMÉGA-3 réduit de 30 % les risques de décès liés aux maladies cardiovasculaires.

Pour la santé de la peau

Un apport supplémentaire d'acides gras OMÉGA-3 aurait un impact non négligeable sur la santé de la peau. Les OMÉGA-3 aideraient à la réhydratation de la peau, notamment parce qu'ils facilitent la circulation sanguine dans tout le corps. Bien sûr, il faut s'assurer de boire suffisamment d'eau et de manger des fruits et légumes, sinon cet effet sera limité.

Par ailleurs, une peau manquant d'acides gras essentiels perd peu à peu de sa souplesse et de son élasticité, un état qu'on peut renverser en changeant quelques habitudes alimentaires. On remarquera aussi qu'une alimentation équilibrée incluant un apport équilibré d'acides gras polyinsaturés concourt à éliminer les gerçures, la peau sèche et à solidifier les ongles.

Pour la santé des yeux

De récentes études montrent que manger du poisson plus de deux fois par semaine réduit de 50 % les risques de dégénérescence maculaire, la principale cause de cécité chez les personnes âgées. Une composante des OMÉGA-3, le DHA, serait à l'origine de ces résultats, car elle s'accumulerait près des cellules photosensibles. Par ailleurs, le thon serait efficace pour prévenir la kérato-conjonctivite sèche, une inflammation de la cornée aussi appelée «syndrome de l'œil sec».

Contre la maladie d'Alzheimer

Il semble que la consommation de poissons riches en acides gras polyinsaturés OMÉGA-3 au moins une fois par semaine ferait baisser de plus de 60 % le risque de souffrir de la maladie d'Alzheimer. Cet effet se base principalement sur les échanges électriques dans le cerveau, un processus aidé par les acides gras essentiels mais ennuyé par les acides gras saturés et trans.

Pour la prévention du cancer de la prostate

La consommation de poissons gras trois fois par semaine réduirait de moitié les risques de cancer de la prostate. Les études à ce sujet sont toutefois contradictoires, mais l'idée suffit pour encourager les hommes à mieux manger.

Pour l'équilibre émotionnel

C'est le psychiatre David Servan-Schreiber qui est à l'origine de cette théorie des plus intéressantes: les OMÉGA-3 aideraient à lutter contre le stress, l'anxiété et la dépression! «Les carences liées à l'alimentation dans nos sociétés occidentales sont d'ailleurs certainement responsables en partie de l'augmentation de nombre de dépressions», soutient le Dr Servan-Schreiber dans le site Internet Doctissimo. Il ajoute que les suppléments d'OMÉGA-3 auraient un effet positif sur les troubles maniacodépressifs. Une bonne santé émotionnelle témoignerait, selon lui, d'un apport suffisant en OMÉGA-3. À l'inverse, un manque d'OMÉGA-3 entraînerait plus d'agressivité. Sa théorie est exposée en long et en large dans un livre intitulé *Guérir*.

Encore d'autres bienfaits

La liste des bienfaits des OMÉGA-3 ne cesse de s'allonger. On sait qu'ils agissent principalement contre les maladies cardiovasculaires et l'arythmie cardiaque, mais on peut ajouter à cette courte liste de nombreuses autres fonctions. En effet, les OMÉGA-3 apportent leur aide dans le développement du cerveau et la prévention de certains cancers. Ils sont aussi en mesure de lutter contre les troubles liés à l'âge et au vieillissement (de concours avec les antioxydants), les troubles de l'attention et de la vision, les problèmes de peau, le diabète (lutte contre les triglycérides et le cholestérol), la dépression et l'arthrite.

CHAPITRE 4

LES MISES EN GARDE

Rien n'est parfait! Il existe quelques indications pour se servir des OMÉGA-3 à bon escient. Ce chapitre vous présente les principales mises en garde et précisions à leur égard. Et il y a des détails étonnants à savoir...

Allergies

Si vous êtes allergique au poisson, portez une attention particulière aux aliments contenant des OMÉGA-3: l'huile de poisson se trouve à la base de certains aliments enrichis et de compléments,

Antioxydants à l'aide

Les OMÉGA-3 ne peuvent tout faire seuls. Pour profiter de leurs bienfaits, il faut aussi consommer des antioxydants: acide citrique, vitamines A, C et E, sélénium et zinc. Les antioxydants, comme leur nom le dit, ralentissent le processus naturel d'oxydation des aliments et des nutriments dans l'organisme. Dans le cas des acides gras, une oxydation en réduit la qualité. Les antioxydants sont aussi capables de neutraliser ou de réduire les dommages causés par les radicaux libres dans l'organisme, ces éléments responsables de l'oxydation des cellules, phénomène important dans le processus de vieillissement.

Le meilleur moyen de consommer suffisamment d'antioxydants est d'avoir une alimentation riche en fruits et légumes colorés: poivrons rouges, fraises, carottes, tomates (on doit les chauffer pour activer leur contenu en antioxydants), laitues vert foncé et croquantes, courges, melons, kiwis, oranges, brocoli, etc.

Oligoéléments à l'aide

Comme la santé est le résultat d'un ensemble équilibré, une alimentation variée et de qualité est nécessaire pour assurer le bon fonctionnement de l'organisme. Si on mange bien et d'un peu de tout, on n'aura pas à s'inquiéter de la quantité de vitamines et de minéraux ingérée. Toutefois, cet équilibre est précaire et est attaqué de toutes parts (rhumes, virus, sorties occasionnelles, stress...).

Il est possible qu'on ait parfois besoin d'un apport supplémentaire d'oligoéléments (des élément chimiques en faible quantité nécessaires à la croissance des plantes et à la santé des animaux) pour rééquilibrer l'organisme. Ceux-ci agissent jusque dans la chaîne métabolique des acides gras polyinsaturés OMÉGA-3 et oméga-6. Ainsi, l'acide linoléique a besoin du zinc et du magnésium pour se transformer dans l'organisme, et l'une des réactions chimiques qu'il engendre nécessite l'intervention du sélénium. Ajoutons que ces oligoéléments ne sauraient agir sans la présence de plusieurs des vitamines du groupe B ainsi que de la vitamine C.

Oméga-6

On a beaucoup parlé dans cet ouvrage du lien entre les OMÉGA-3 et les oméga-6. C'est qu'il faut se tenir à environ quatre ou cinq fois plus d'oméga-6 que d'OMÉGA-3, sinon le corps favorisera la synthèse des premiers au détriment des seconds. Cela veut dire que trop d'oméga-6 anéantit les effets positifs des OMÉGA-3 sur la santé. Voici donc une liste des aliments contenant beaucoup d'oméga-6 et qu'il faut, par conséquent, consommer avec parcimonie.

Aliment	Teneur d'oméga-6 par 100 g
Huile de pépins de raisin	de 50 à 70 g
Huile de germe de blé	de 50 à 70 g
Huile de soya	de 50 à 60 g
Huile de maïs	de 50 à 60 g
Huile de noix	de 50 à 55 g
Huile de tournesol	de 40 à 50 g
Huile de sésame	de 30 à 50 g
Margarine d'huile de tournesol	de 30 à 50 g
Graines de sésame	environ 20 g
Huile de canola (colza)	de 10 à 30 g
Huile d'arachide	de 10 à 30 g
Huile de noix	de 10 à 30 g
Graisse de poulet	de 10 à 30 g
Huile d'olive vierge	de 1 à 10 g
Œuf entier	de 1 à 10 g
Beurre	de 1 à 10 g
Huile de foie de morue	de 1 à 10 g

Comment mesurer les OMÉGA-3?
Il est très difficile de mesurer l'équilibre recommandé entre les OMÉGA-3 et les oméga-6. Qui plus est, il est difficile de savoir exactement combien d'acides gras polyinsaturés se trouvent dans tel ou tel aliment, puisque cette proportion varie, notamment en fonction de la fraîcheur du produit.

Une entreprise a toutefois commercialisé un nouveau test d'évaluation du taux des acides gras essentiels OMÉGA-3 chez les citoyens canadiens. Il s'agit de la société MDS Diagnostic Services, en collaboration avec Nutrasource Diagnostics Inc. Ce test est réalisé à partir d'un petit prélèvement de sang et vise à mesurer le taux d'acides gras OMÉGA-3. Les patients qui présentent un taux faible pourront ainsi modifier leur régime alimentaire en conséquence. Si vous souhaitez subir ce test, parlez-en à votre médecin.

Médicament anticoagulant

De grands apports d'OMÉGA-3 augmentent la durée de saignement. Cela ne fait pas vraiment de différence chez des personnes en santé, mais peut avoir une incidence sur des gens qui consomment des médicaments. En particulier, si vous prenez des anticoagulants, il est préférable de consulter votre médecin avant de changer de régime alimentaire ou d'ajouter des suppléments à votre alimentation.

Effet pervers sur le bon cholestérol

Les acides gras OMÉGA-3 font baisser le taux de mauvais cholestérol (le cholestérol LDL). C'est un fait. Toutefois, il faut aussi rappeler qu'ils peuvent faire diminuer le bon cholestérol (cholestérol HDL) si on ne consomme trop. C'est pourquoi il vaut mieux manger bien et éviter les compléments d'OMÉGA-3.

Avis aux femmes enceintes et aux parents

L'alimentation est primordiale pour les femmes enceintes. Si vous attendez un enfant, consultez un médecin ou un nutritionniste afin de vous assurer que votre régime alimentaire est complet et favorable au bon développement du fœtus. On sait que les bébés sont gagnants lorsque l'apport d'acides gras OMÉGA-3 chez la mère a été adéquat. Toutefois, il vaut mieux s'assurer de cet équilibre et ne pas trop privilégier un aliment par rapport à un autre. Un supplément d'OMÉGA-3 peut être approprié pour les femmes enceintes, notamment parce qu'on suggère d'éviter de trop consommer de poissons gras lors de la grossesse. Toutefois, il vaut mieux avoir l'avis d'un spécialiste avant d'ajouter un complément d'OMÉGA-3, ou de toute autre nature d'ailleurs, au cours de la grossesse. Poursuivez cette consultation en compagnie de vos jeunes enfants, surtout s'ils ne sont pas nourris au sein.

Substances fragiles

Les acides gras OMÉGA-3 rancissent rapidement lorsqu'ils sont exposés à l'oxygène et à la lumière. Leur vieillissement, qu'il soit prématuré ou naturel, vient littéralement couper leurs effets protecteurs. Si vous prenez des suppléments d'OMÉGA-3 en capsules ou des produits enrichis d'OMÉGA-3, respectez donc scrupuleusement la date de péremption sur l'emballage.

Les OMÉGA-3 peuvent par ailleurs s'oxyder au contact de l'eau ou de minéraux comme le fer et le cuivre. Or, aucune étude ne peut statuer à ce jour sur le degré de toxicité des substances produites par cette transformation chimique.

Enfin, il faut éviter de faire frire ou rôtir les aliments contenant des acides gras polyinsaturés, car cela transformerait ces derniers en acides gras... saturés! Autrement dit, un bon morceau de saumon cuit dans la poêle à l'huile d'olive perd ses bons gras. Il vaut mieux privilégier une cuisson en papillote ou au four.

Intoxications aux métaux lourds

Les poissons gras qui renferment le plus d'OMÉGA-3 sont aussi des poissons prédateurs situés à la fin de la chaîne alimentaire. Ainsi, par le processus de bio-accumulation, les organismes vivants n'étant pas équipés pour se débarrasser par exemple du plomb et du mercure, la chair de ces poissons peut contenir des traces importantes de polluants.

Par conséquent, Santé Canada évalue que les consommateurs devraient limiter leur consommation de certains poissons afin d'éviter l'exposition à des concentrations dangereuses de mercure et d'autres métaux lourds. On devrait ainsi limiter la consommation de requin, d'espadon et de thon frais et congelé à un repas par semaine. Les jeunes enfants et les femmes en âge de procréer devraient de leur côté respecter la limite d'un repas par mois recommandée pour ces espèces.

Comme on a pu le remarquer, le thon en conserve n'est pas inclus dans cette recommandation. C'est que les espèces utilisées pour les conserves sont en général plus petites que celles commercialisées sous forme de thon frais et congelé. Ainsi, la teneur en mercure du thon en conserve est généralement inférieure à celle du thon frais ou congelé.

Épuisement des ressources

Les OMÉGA-3 de source animale viennent du fond des mers, là où les poissons trouvent de plus petites espèces vivant de plancton et de phytoplancton. Or, ces petites prises (anchois, sardines, etc.) sont de plus en plus souvent pêchées pour deux causes: nourrir les poissons d'élevage et leur permettre d'accumuler des

OMÉGA-3 dans leurs tissus d'une part, fabriquer des suppléments alimentaires d'OMÉGA-3 d'autre part. Le résultat, c'est que la pêche de ces petits poissons prive les espèces sauvages de leur nourriture naturelle, ce qui limite la reproduction. Qui plus est, la nourriture étant plus rare, les poissons d'élevage sont souvent nourris au grain et ne renferment plus d'OMÉGA-3.

Allégations relatives à la santé

Les emballages des produits vendus en magasin montrent toutes les vertus de leur contenu en taisant cependant leurs revers... Santé Canada a statué sur les allégations santé. Ainsi, pour indiquer l'absence de graisses saturées et trans et la diminution du risque de maladies du cœur, l'aliment en cause doit avoir une faible teneur en lipides et en graisses saturées. Il doit de plus avoir une teneur limitée en cholestérol, en sodium et en alcool, fournir plus de 40 calories (sauf dans le cas des fruits et légumes) et renfermer une quantité minimale d'au moins une vitamine ou un minéral. Enfin, l'aliment doit être une source de graisses polyinsaturées OMÉGA-3 ou oméga-6, lorsqu'il s'agit d'une matière grasse ou d'une huile. Autrement dit, si on dit d'une huile qu'elle est bonne pour le cœur, c'est qu'elle doit absolument contenir de bons gras. L'ennui, c'est qu'à peu près toutes les huiles renferment de bons gras; ce sont les proportions entre gras trans, monoinsaturés et polyinsaturés qui font souvent défaut.

Un peu plus d'exercice

Pour le contrôle du cholestérol et la prévention d'un bon nombre de maladies, l'exercice physique fait toujours des merveilles. En fait, un corps peu actif prendra beaucoup plus de temps qu'un organisme actif pour accomplir toutes ses fonctions. En règle général, nous, Nord-Américains, bougeons beaucoup trop peu.

On peut se servir de chaque moment du quotidien pour être plus actif. Que ce soit à la maison, au travail ou même dans vos déplacements, profitez des conseils suivants proposés par Santé Canada pour être plus actif.

À la maison:

- Commencez la journée par une dizaine de minutes d'activité physique à l'intérieur ou à l'extérieur. Une courte promenade à pied le matin vaut mieux qu'un café.
- Faites une promenade à bicyclette.
- Remplacez votre tondeuse à moteur par une tondeuse manuelle.
- Garez la voiture à une dizaine de minutes de marche de votre destination ou laissez-la à la maison.
- Formez des groupes de marche dont le parcours sera adapté à la clientèle. Faites un trajet un peu plus long chaque semaine et

invitez vos amis au passage.

- Dansez sur votre musique préférée au moins 10 minutes chaque jour.
- Faites de l'exercice en suivant les émissions de conditionnement physique présentées à la télé. Pour ce faire, vous n'avez pas à exécuter les mêmes mouvements que les gens que vous y voyez, qui sont très en forme.

À l'école:

- Inscrivez-vous à un cours de conditionnement physique offert à votre école le soir.
- Assurez-vous que l'école où va votre enfant offre un programme d'éducation physique quotidien de qualité.

- Demandez aux enseignants de parler d'activité physique et de vie active en classe.
- Formez un «autobus scolaire à pied» avec les autres parents de votre quartier et conduisez à tour de rôle les enfants à pied, plutôt que de faire du covoiturage.

Au travail:

- Faites des pauses-étirements pendant les réunions et invitez vos collègues à faire une promenade à pied pour parler d'affaires plutôt que de rester assis dans la salle de conférence.
- Empruntez l'escalier, comme si l'ascenseur était en panne, et encouragez vos collègues à faire de même.

- Remplacez votre pause-café par une pause-promenade.
- Faites des contractions abdominales lorsque vous êtes assis au bureau ou pendant le trajet en autobus. Faites des rotations des épaules et de la tête lorsque vous êtes assis à l'ordinateur.
- Faites des promenades à pied d'une dizaine de minutes avant le repas du midi.

Dans les loisirs:

- Engagez-vous à pratiquer une nouvelle activité à chaque saison. Essayez par exemple la raquette, le curling, la randonnée pédestre, le patin à roues alignées, etc.
- Inscrivez-vous à une association offrant des programmes de vie active.

- Participez aux activités estivales organisées dans votre municipalité.
- Allez prendre l'air dans le jardin. Vous pouvez même le faire sur un balcon.
- Explorez votre quartier et trouvez combien de circuits différents de 10 minutes vous pouvez parcourir à pied.
- Formez un groupe de marche qui se réunira chaque jour à la même heure.

Dans vos déplacements:

- Marchez, faites de la bicyclette ou du patin à roues alignées pour vous rendre au travail ou à l'école.
- Descendez de l'autobus deux arrêts plus tôt pour terminer le

trajet à pied, ou garez votre voiture à une dizaine de minutes de marche du bureau.

- Si votre emploi vous amène à passer beaucoup de temps au volant, prévoyez plusieurs arrêts pendant la journée. Sortez de la voiture et marchez une dizaine de minutes chaque fois que vous en avez l'occasion.

Pour s'assurer d'une bonne récupération ainsi que d'une activation maximale des fonctions de l'organisme, la respiration est essentielle. Souvent trop courte et saccadée, elle gagne à être plus profonde et régulière. Des ouvrages existent pour vous permettre de retrouver du souffle simplement par des techniques de respiration.

Encore plus de précisions

Comme la recherche se poursuit à propos des acides gras polyinsaturés, on a commencé à préciser les apports recommandés. De plus en plus, on divise les 2 g d'OMÉGA-3 nécessaires chaque jour en acide alpha-linolénique (ALA), en acide eicosapentanoïque (EPA) et en acide docosahexanoïque (DHA). Ainsi, une récente étude se basant sur un régime alimentaire quotidien de 2 000 calories stipule qu'il faudrait 2,22 g d'ALA par jour en plus d'un total de 0,65 g de EPA et de DHA. Toutefois, tant qu'il n'y aura pas consensus dans la communauté scientifique à cet égard, on peut affirmer une seule chose: une alimentation variée (manger un peu de tout!) et riche en fruits et légumes suffit souvent à assurer tous nos besoins en vitamines, en minéraux et en acides gras polyinsaturés.

Chapitre 5

LE RÉGIME MÉDITERRANÉEN

On a quelquefois fait référence au régime méditerranéen dans cet ouvrage. Ce régime, aussi appelé régime crétois en raison de sa provenance, l'île de Crête au cœur de la Méditerranée, fait les délices de millions de gens depuis des siècles. En fait, les scientifiques se sont longtemps demandés pourquoi les gens habitant autour de la Méditerranée souffraient si peu de maladies cardiovasculaires malgré leurs habitudes «peu politiquement correctes»: ils mangent beaucoup de poissons gras, ajoutent de l'huile d'olive à tout et boivent de grandes rasades de vin rouge! On a fini par comprendre que tous ces aliments (sauf l'alcool du vin) aident l'organisme à protéger ses vaisseaux sanguins et son cœur. Voici donc quelques notes sur le régime méditerranéen, qui comporte une bonne dose d'OMÉGA-3.

Qu'est-ce que c'est?

Le régime méditerranéen consiste en une alimentation riche en légumes, en fruits, en oléagineux, en céréales et en huile d'olive, auxquels s'ajoute un peu de vin et de poisson. Il comprend très peu de viande. Les études ont conclu qu'il réduit significativement la mortalité globale chez l'homme et chez la femme, de même que la mortalité par troubles coronariens et par cancers. On a aussi compris qu'un seul des aliments de ce régime n'est pas responsable par lui-même de ces résultats: c'est le régime dans sa globalité qui permet d'améliorer la santé. L'explication simplifiée fait état d'un effet d'ensemble entre les éléments nutritifs du régime méditerranéen, qui inclut des poissons riches en acides gras OMÉGA-3 et des vitamines (acide folique, vitamines B_6 et B_{12}). Il faut ajouter à cela que les Méditerranéens ont un mode de vie plus actif physiquement que les Nord-Américains. De plus, l'alimentation méditerranéenne contient beaucoup d'antioxydants, d'oligoéléments, de polyphénols (vin, romarin) et de caroténoïdes, qui ont tous des effets bénéfiques sur la santé.

Des légumes à chaque déjeuner et à chaque dîner

Choisissez de préférence des fruits et légumes frais. Quelques indices vous permettront de les trouver: plus les denrées proviennent d'un producteur situé près de chez vous, plus elles vont être fraîches et adaptées à vos besoins. Les fruits et légumes frais fournissent des fibres et une multitude de vitamines et de minéraux.

Ajoutez à votre menu des aliments colorés, comme des tomates, des poivrons, des courgettes, des aubergines, des concombres, des laitues et des agrumes. Le régime méditerranéen inclut également un légume en feuilles particulier: le pourpier, une excellente source de magnésium, de vitamines A et C, de calcium, de fer, de mucilages (une substance laxative) et d'antioxydants. Ajoutons à cette liste la noix de Grenoble et d'autres fruits secs.

En ce qui a trait aux condiments, n'hésitez pas à employer tout l'ail et tous les oignons nécessaires.

Des céréales et du pain complet chaque jour

Dans le régime méditerranéen, les céréales se consomment sous forme de pâtes et de riz. Il en faut une bonne quantité. Surprenant? Peut-être, surtout d'un point de vue Montignac... Et pourtant, le pain complet a tout ce qu'il faut pour aider à une bonne santé. Évitez donc tout ce qui a été raffiné, comme le pain blanc (ou pain de blé fait de farines blanchies) et le riz blanc. Par-dessus tout, oubliez jusqu'à l'existence du riz instantané, qui ne contient plus rien d'autre que des glucides. Les fibres des céréales complètes, tout comme celles des fruits, des légumes et des légumineuses, contribuent au bon fonctionnement intestinal et ont une action hypocholestérolémiante.

Des légumineuses deux ou trois fois par semaine

Les haricots secs et les lentilles sont riches en fer, en magnésium et en fibres. Surtout, les légumineuses sont dépourvues de gras et remplacent à merveille la viande. Qui plus est, elles sont délicieuses avec du poisson.

De petites portions de viande

On peut limiter sa consommation de viande à quelques exceptions chaque mois. Le régime méditerranéen élimine pratiquement les charcuteries, des viandes qui ont été transformées et qui ne recèlent presque plus de qualités nutritives. Il faut noter que les viandes blanches comme l'agneau, le veau et le porc renferment plus d'acides gras mo-noninsaturés que les rouges.

Du poisson trois fois par semaine

Les poissons mais aussi les crustacés sont intéressants pour leur apport en acides gras essentiels.

Un ou deux verres de vin par jour

Le régime méditerranéen recom-mande jusqu'à trois verres de vin par jour! C'est le vin rouge qui renferme les antioxydants nécessaires à une bonne santé. Consommez-en en quantité modérée pour éviter les autres problèmes liés à l'alcool.

Des fruits en dessert

Par bonheur, le régime méditerra-néen encourage la consommation de fruits après chaque repas. Mangez des fraises, des melons et des agrumes, des fruits qui renferment un excellent bagage d'antioxydants.

La cuisine à l'huile d'olive

Comme on le sait déjà, l'huile d'olive est très majoritairement monoinsaturée. C'est une huile qui se chauffe relativement bien et qui donne un goût exquis à presque tout! Toutefois, on peut varier les plaisirs et utiliser de l'huile de noix pour les salades, de l'huile de carthame pour la cuisson, etc. En Crète, l'huile d'olive représenterait jusqu'à 27 % des calories totales de la journée.

Ajout de calcium

Les produits laitiers, dans le régime méditerranéen, se présentent surtout sous forme de yogourts et de fromages. On les consomme pour s'assurer un apport suffisant en calcium. Il faut cependant noter que ce régime exclut le beurre et la crème fraîche, car ce sont des aliments riches en acides gras saturés.

Question de sucre

À part les fruits qui apportent une pointe sucrée, le régime alimentaire méditerranéen ne fait presque pas appel au sucre dans l'élaboration des repas. Au plus, on se réserve le droit de consommer quelques produits sucrés chaque mois.

CONCLUSION

Il reste encore beaucoup à définir en matière de santé et d'OMÉGA-3. À ce jour, la communauté scientifique est en bien des cas divisée. De combien de bons gras avons-nous besoin? Difficile d'avancer un chiffre. Ce qui est sûr, c'est que nous consommons beaucoup trop de mauvais gras! Car dès que nous faisons chauffer une huile de qualité, nous transformons les bons gras, qui se saturent alors d'hydrogène. Pensons à tous ces plats cuisinés que nous achetons, à tous ces repas congelés, à tous ces mets de fast-food que nous mangeons... Les aliments transformés, retenons cela, sont toujours dénaturés: ils perdent de leur valeur nutritive.

Voilà une des raisons pour lesquelles il importe de manger les aliments les plus frais possible et d'éviter la cuisson dans l'huile, la margarine ou le beurre. Mangez des fruits et légumes frais et crus (sauf peut-être la tomate, qui a besoin de chaleur pour libérer son potentiel antioxydant), ajoutez deux ou trois repas de poisson à votre menu, faites vos propres vinaigrettes à base d'une huile de qualité, diminuez votre consommation de sucre, de féculents et de café, et vous devriez voir une amélioration sensible de votre santé en peu de temps.

Pour ce qui est des OMÉGA-3, évitez de chauffer les huiles, consommez des poissons sauvages, des noix fraîches, des graines de lin moulues et trempées ainsi que les autres aliments mentionnés dans cet ouvrage. Tentez également de respecter l'équilibre de un OMÉGA-3 pour cinq oméga-6. Plus que tout, transformez les heures de repas en moments de plaisirs et de découvertes en variant les menus, en mangeant des fruits et légumes colorés, en mâchant longuement chaque bouchée de façon à imbiber les aliments d'enzymes digestives.

L'alimentation santé n'est certes pas une prison: c'est un laissez-passer vers un mode de vie de plus grande qualité!

RÉFÉRENCES BIBLIOGRAPHIQUES

LIVRES

AUDETTE, Lise, *Contrôler (votre poids par votre alimentation)*, Édimag.

LEFRANÇOIS, Julie, *Santé et jeunesse retrouvées par la technique respiratoire*, Édimag.

MARTIN-BORDELEAU, Lucille, *Les bonnes combinaisons alimentaires*, Édimag.

SERVAN-SCHREIBER, David, *Guérir le stress, l'anxiété et la dépression sans médicaments ni psychanalyse*, éditions Robert Laffont. Site Internet: www.guerir.fr

L'encyclopédie visuelle des aliments, Éditions Québec Amérique, 1996.

SITES INTERNET

Santé Canada: **www.hc-sc.gc.ca**

Ministère de la Santé et des Services sociaux du Québec: **www.msss.gouv.qc.ca**

Food and Drug Administration (États-Unis): **www.fda.gov**

Fondation des maladies du cœur: **www.fmcoeur.ca**

American Heart Association (États-Unis): **www.americanheart.org**

MDS Diagnostic Services: **www.mdsdx.com**

Les Oméga-3 (#542)

Les Oméga-3 (#542)

Votre nom: ....

Adresse: ....

....

Ville: ....

Province/État ....

Pays: ....Code postal: ....

Date de naissance: ....

Les Oméga-3 (#542)